SUKEN NOTEBOOK

チャート式
解法と演習　数学II

JN132666

完 成 ノ ー ト

【微分法と積分法】

　本書は，数研出版発行の参考書「チャート式 解法と演習　数学II＋B」の
数学IIの　第6章「微分法」，　第7章「積分法」
の例題とPRACTICEの全問を掲載した，書き込み式ノートです。
　本書を仕上げていくことで，自然に実力を身につけることができます。

目　次

第6章　微分法

20. 微分係数と導関数　…………… 2
21. 関数の値の変化　…………… 24
22. 関数のグラフと方程式・不等式
　　…………… 53

第7章　積分法

23. 不定積分　…………… 65
24. 定積分　…………… 70
25. 面積　…………… 82

２０. 微分係数と導関数

基 本 例題 169

解説動画

(1) 関数 $f(x) = x^2 - 2x - 3$ において，x が a から b $(a \neq b)$ まで変化するときの平均変化率を求めよ。

(2) 関数 $f(x) = 2x^2 - x$ において，x が 1 から $1+h$ $(h \neq 0)$ まで変化するときの平均変化率を求めよ。

(3) $f(x) = x^2$ において，x が -1 から $-1+h$ まで変化するときの平均変化率が 1 となるとき，$h = \boxed{}$ である。

PRACTICE (基本) **169** (1) 次の関数において，x が [　] 内の範囲で変化するときの平均変化率を求めよ。

(ア) $f(x) = -3x^2 + 2x$　$[-2$ から b まで$]$

(イ) $f(x) = x^3 - x$　$[a$ から $a+h$ まで$]$

(2) $f(x) = x^3 - x^2$ において，x が 1 から $1+h$ まで変化するときの平均変化率が 4 となるように，h の値を定めよ。

基本 例題 170

解説動画

導関数の定義にしたがって，次の関数の導関数を求めよ。

(1) $y = -x^2 + x$

(2) $y = x^3 - 2x^2 - 4$

PRACTICE (基本) **170**　導関数の定義にしたがって，次の関数の導関数を求めよ。

(1)　$y = x^2 - 3x + 9$

(2)　$y = -2x^3 + 3x^2 - 1$

基本 例題 171

次の関数を微分せよ。また，$x=-1$ における微分係数を求めよ。

(1)　$f(x)=3x^2+5x-4$

(2)　$f(x)=-2x^3+4x^2+6x-5$

(3)　$f(x)=(x-2)(x^2+x-3)$

(4)　$f(x)=(x+1)^2(x-1)$

PRACTICE (基本) **171** 次の関数を微分せよ。また, $x=0$, 1 における微分係数をそれぞれ求めよ。

(1) $y=5x^2-6x+4$

(2) $y=x^3-3x^2-1$

(3) $y=x^2(2x+1)$

(4) $y=(x-1)(x^2+x+1)$

基本 例題 172

(1) $f(x)$ は 3 次の多項式で，x^3 の係数が 1，$f(1)=2$，$f(-1)=-2$，$f'(-1)=0$ である。このとき，$f(x)$ を求めよ。

(2) 等式 $2f(x)+xf'(x)=-8x^2+6x-10$ を満たす 2 次関数 $f(x)$ を求めよ。

PRACTICE (基本) **172** (1) 2次関数 $f(x)$ が $f'(0)=1$, $f'(1)=2$ を満たすとき，$f'(2)$ の値を求めよ。

(2) 3次関数 $f(x)=x^3+ax^2+bx+c$ が $(x-2)f'(x)=3f(x)$ を満たすとき，a, b, c の値を求めよ。

基本 例題 173

(1) 球の半径 r が変化するとき，球の体積 V の，$r=5$ における変化率を求めよ。

(2) 球形のゴム風船があり，半径が毎秒 0.5 cm の割合で伸びるように空気を入れる。半径 0 cm からふくらむとして，半径が 5 cm になったときのこの風船の表面積の，時間に対する変化率 $(\mathrm{cm}^2/\mathrm{s})$ を求めよ。

PRACTICE (基本) **173**　(1)　底面の半径が r，高さが r の円錐がある。r が変化するとき，円錐の側面積 S の $r=\sqrt{2}$ における変化率を求めよ。

(2)　1 辺の長さが 1 cm の立方体があり，毎秒 1 mm の割合で各辺の長さが大きくなっている。10 秒後におけるこの立方体の表面積と体積の変化率 $(\mathrm{cm^2/s}, \ \mathrm{cm^3/s})$ をそれぞれ求めよ。

12

基本 例題 174

関数 $f(x)=x^2+x-2$ について，$y=f(x)$ のグラフ上で x 座標が -1 である点を A とする。

(1) 曲線 $y=f(x)$ 上の点 A における接線 ℓ_1 の方程式を求めよ。

(2) 点 A を通り，接線 ℓ_1 に垂直な直線 ℓ_2 の方程式を求めよ。

PRACTICE (基本) **174** 次の曲線上の点における接線・法線の方程式を求めよ。

(1) $y = x^2 - 3x + 2$, 点 $(0, 2)$

(2) $y = -x^3 + x + 2$, 点 $(2, -4)$

基本 例題 175

点 C$(1, \ -1)$ から関数 $y=x^2-x$ のグラフに引いた接線の方程式を求めよ。

PRACTICE (基本) **175** (1) 点 $(3,\ 4)$ から，曲線 $y=-x^2+4x-3$ に引いた接線の方程式を求めよ。

(2) 点 $(2,\ -4)$ を通り，曲線 $y=x^2-2x$ に接する直線の方程式を求めよ。

重要 例題 176

2つの放物線 $y=x^2$ と $y=-(x-a)^2+2$ がある1点で接するとき，定数 a の値を求めよ。

PRACTICE (重要) **176** 2次関数 $f(x)=-\dfrac{1}{2}x^2+\dfrac{3}{2}$, $g(x)=x^2+ax+3$ がある。放物線 $y=f(x)$ と $y=g(x)$ がある1点で接するとき，その点の座標と正の定数 a の値を求めよ。

重 要 例題 177

□ ▶解説動画

2曲線 $C_1 : y = x^2$, $C_2 : y = -x^2 + 2x - 1$ の両方に接する直線の方程式を求めよ。

PRACTICE (重要) **177**　2 つの放物線 $C_1 : y = x^2 + 1$, $C_2 : y = -2x^2 + 4x - 3$ の共通接線の方程式を求めよ。

補 充 **例題 178**

次の公式を用いて，次の関数を微分せよ。

$$\{f(x)\,g(x)\}' = f'(x)\,g(x) + f(x)\,g'(x)$$

n が自然数のとき　$\{(ax+b)^n\}' = n(ax+b)^{n-1}(ax+b)'$　$(a,\ b$ は定数$)$

(1)　$y = (2x-1)(x+1)$

(2)　$y = (x^2+2x+3)(x-1)$

(3)　$y = (2x-1)^3$

(4)　$y = (x-2)^2(x-3)$

PRACTICE (補充) **178** 次の公式を用いて，次の関数を微分せよ。

$$\{f(x)\,g(x)\}' = f'(x)\,g(x) + f(x)\,g'(x)$$

n が自然数のとき $\{(ax+b)^n\}' = n(ax+b)^{n-1}(ax+b)'$ ($a,\ b$ は定数)

(1) $y = (3x+2)(3x^2-1)$

(2) $y = (3-x)^3$

(3) $y = (x+3)(2x-5)^2$

補 充 **例題 179**

(1) 次の極限値を求めよ。

(ア) $\displaystyle \lim_{x \to -2} \frac{x^3+8}{x+2}$

(イ) $\displaystyle \lim_{x \to -3} \frac{x^2+x-6}{x^2-x-12}$

(2) 極限値 $\displaystyle \lim_{h \to 0} \frac{f(a+3h)-f(a)}{h}$ を $f'(a)$ で表せ。

PRACTICE (補充) **179** (1) 次の極限値を求めよ。

(ア) $\displaystyle \lim_{x \to 3} \frac{x-3}{x^3-27}$

(イ) $\displaystyle \lim_{x \to 1} \frac{x^3-1}{x^2+4x-5}$

(2) $f(x)=x^3$ のとき, $\displaystyle \lim_{h \to 0} \frac{f(2+3h)-f(2)}{h}$ の値を求めよ。

２１．関数の値の変化

基本 例題 180

次の関数の極値を求めよ。また，そのグラフをかけ。

(1) $y = x^3 - 3x$

(2) $y = x^3 + 3x^2 + 3x + 3$

PRACTICE (基本) **180** 次の関数の極値を求めよ。また，そのグラフをかけ。

(1) $y=2x^3-3x^2+1$

(2) $y=-x^3+12x$

(3) $y=-x^3+6x^2-12x+7$

基本 例題 181

次の関数の極値を求めよ。また，そのグラフをかけ。

(1) $y = 3x^4 - 16x^3 + 18x^2 + 5$

(2) $y = x^4 - 4x^3 + 1$

PRACTICE (基本) **181** 次の関数の極値を求めよ。また，そのグラフをかけ。

(1) $y = x^4 - 2x^3 - 2x^2$

(2) $y = x^4 - 4x + 3$

基本 例題 182

$f(x) = x^3 + ax^2 - 3x + b$ とする。$f(x)$ は $x=1$ で極小になり，$x=c$ で極大値 5 をとる。定数 a, b, c の値と $f(x)$ の極小値をそれぞれ求めよ。

PRACTICE (基本) **182** 3次関数 $f(x) = ax^3 + bx^2 + cx + d$ が $x=0$ で極大値 2 をとり, $x=2$ で極小値 -6 をとるとき, 定数 a, b, c, d の値を求めよ。

基本 例題 183

□ ▷ 解説動画

(1) 関数 $f(x) = x^3 + ax^2 + (3a-6)x + 5$ が極値をもつような定数 a の値の範囲を求めよ。

(2) 関数 $f(x) = 2x^3 + kx^2 + kx + 1$ が極値をもたないような定数 k の値の範囲を求めよ。

PRACTICE (基本) **183** (1) 関数 $f(x)=x^3-3mx^2+6mx$ が極値をもつような定数 m の値の範囲を求めよ。

(2) 関数 $f(x)=x^3+(k-9)x^2+(k+9)x+1$ (k は定数) が極値をもたないような k の値の範囲を求めよ。

32

基本 例題 184

a は定数とする。$f(x)=x^3+ax^2+ax+1$ が $x=\alpha,\ \beta\ (\alpha<\beta)$ で極値をとる。$f(\alpha)+f(\beta)=2$ のとき，定数 a の値を求めよ。

PRACTICE (基本) **184** 関数 $f(x) = 2x^3 + ax^2 + (a-4)x + 2$ の極大値と極小値の和が 6 であるとき，定数 a の値を求めよ。

34

基本 例題 185

曲線 $C : y = x^3 - x$ 上に x 座標が 1 である点 A がある。点 A における接線が C と交わるもう 1 つの点の x 座標を求めよ。

PRACTICE (基本) **185**　3 次関数 $f(x) = x^3 - 2x + 2$ に対し，曲線 $C :$ $y = f(x)$ 上で，第 2 象限にある点 P における傾き 1 の接線を ℓ とする。曲線 C と接線 ℓ の共有点のうち，P 以外の点の x 座標を求めよ。

基本 例題 186

関数 $y=2x^3-x^2-4x$ の区間 $-1\leqq x\leqq 2$ における最大値と最小値を求めよ。

PRACTICE (基本) **186**　次の関数の最大値と最小値を求めよ。

(1)　$y=x^3-4x^2+4x+1$ $(0\leqq x\leqq 3)$

(2) $y = -x^3 + 12x + 15 \quad (-3 \leqq x \leqq 5)$

(3) $y = 3x^4 - 4x^3 - 12x^2 + 3 \quad (-1 \leqq x \leqq 1)$

基 本 例題 187

半径 6 の球に内接する直円柱の体積の最大値を求めよ。また，そのときの直円柱の高さを求めよ。

PRACTICE (基本) **187**　曲線 $y = 9 - x^2$ と x 軸との交点を A, B
とし, 線分 AB とこの曲線で囲まれた部分に図のように台形
ABCD を内接させるとき, この台形の面積の最大値を求めよ。
また, そのときの点 C の座標を求めよ。

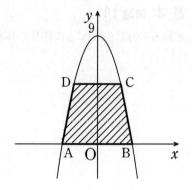

基本 例題 188

$0 \leqq x < 2\pi$ のとき, 関数 $y = 2\cos 2x \sin x + 6\cos^2 x + 7\sin x$ の最大値と最小値を求めよ。

また, そのときの x の値を求めよ。

PRACTICE (基本) **188** $0 \leqq \theta \leqq 2\pi$ で定義された関数 $f(\theta) = 8\sin^3\theta - 3\cos 2\theta - 12\sin\theta + 7$ の最大値, 最小値と, そのときの θ の値をそれぞれ求めよ。

基本 例題 189

$a > 0$ とする。関数 $f(x) = ax(x-3)^2 + b$ の区間 $0 \leqq x \leqq 5$ における最大値が 15，最小値が -5 である
という。定数 a，b の値を求めよ。

PRACTICE (基本) **189** $f(x) = ax^2(x-3) + b$ $(a \neq 0)$ の区間 $-1 \leqq x \leqq 1$ における最大値が 5, 最小値が -7 であるように, 定数 a, b の値を定めよ。

基本 例題 190　

$a>0$ とする。$0 \leqq x \leqq a$ における関数 $y=-x^3+3x^2$ について

(1) 最大値を求めよ。

(2) 最小値を求めよ。

PRACTICE (基本) **190**　$a > 1$ とする。$1 \leqq x \leqq a$ における関数 $y = 2x^3 - 9x^2 + 12x$ について

(1)　最小値を求めよ。

(2)　最大値を求めよ。

基本 例題 191

関数 $f(x) = x^3 - 3ax^2 + 5a^3$ の $0 \leqq x \leqq 3$ における最小値を求めよ。ただし，$a > 0$ とする。

PRACTICE (基本) **191**　x の関数 $f(x) = -x^3 + \dfrac{3}{2}ax^2 - a$ の $0 \leqq x \leqq 1$ における最大値を $g(a)$ とおく。

$g(a)$ を a を用いて表せ。

重要 例題 192

$f(x) = x^3 - 10x^2 + 17x + 44$ とする。区間 $a \leqq x \leqq a+3$ における $f(x)$ の最大値を表す関数 $g(a)$ を，a の値の範囲によって求めよ。

PRACTICE (重要) **192**　$f(x) = 2x^3 - 9x^2 + 12x - 2$ とする。区間 $a \leqq x \leqq a+1$ における $f(x)$ の最大値を表す関数 $g(a)$ を，a の値の範囲によって求めよ。

重要 例題 193

$x,\ y,\ z$ は $x+y+z=0$, $x^2-x-1=yz$ を満たす実数とする。

(1) x のとりうる値の範囲を求めよ。

(2) $x^3+y^3+z^3$ の最大値，最小値と，そのときの x の値を求めよ。

PRACTICE (重要) **193** x, y, z は $y+z=1$, $x^2+y^2+z^2=1$ を満たす実数とする。

(1) yz を x で表せ。また，x のとりうる値の範囲を求めよ。

(2) $x^3+y^3+z^3$ を x の関数として表し，その最大値，最小値と，そのときの x の値を求めよ。

重要 **例題 194** □

$f(x)=x^3-6x^2+9x+1$ とする。曲線 $y=f(x)$ は，曲線上の点 A $(2,\ 3)$ に関して対称であることを示せ。

PRACTICE (重要) **194** $f(x) = -2x^3 + 9x^2 - 10$, 曲線 $y = f(x)$ を C とする。

(1) $f(x)$ は $x = \alpha$ で極小値, $x = \beta$ で極大値をとり, 曲線 C 上の 2 点 $(\alpha,\ f(\alpha))$, $(\beta,\ f(\beta))$ をそれぞれ A, B とする。線分 AB の中点 M は曲線 C 上にあることを示せ。

(2) 曲線 C は点 M に関して対称であることを示せ。

２２．関数のグラフと方程式・不等式
基 本 例題 195

3次方程式 $x^3 - 3x - 2 - a = 0$ の異なる実数解の個数が，定数 a の値によってどのように変わるかを調べよ。

54

PRACTICE (基本) 195　k は定数とする。3 次方程式 $x^3-3x^2-9x+k=0$ の異なる実数解の個数を調べよ。

基 本 例題 196

3 次方程式 $x^3-9x^2+24x-k=0$ が 3 つの実数解 α, β, γ $(\alpha<\beta<\gamma)$ をもつとき，次の問いに答えよ。

(1) 定数 k の値の範囲を求めよ。

(2) α, β, γ の値の範囲を求めよ。

PRACTICE (基本) **196**　3次方程式 $x^3 - 12x + k = 0$ が3つの実数解 α, β, γ ($\alpha < \beta < \gamma$) をもつとき，次の問いに答えよ。

(1)　定数 k の値の範囲を求めよ。

(2)　α, β, γ の値の範囲を求めよ。

基本 例題 197

3 次方程式 $x^3 - 3ax + 2 = 0$ が実数解をただ 1 つもつように，定数 a の値の範囲を定めよ。ただし，$a > 0$ とする。

PRACTICE (基本) **197** 方程式 $x^3-3p^2x+8p=0$ が異なる 3 つの実数解をもつように，定数 p の値の範囲を求めよ。

基本 例題 198 □ ▶解説動画

次の不等式が成り立つことを証明せよ。

(1) $x \geqq 0$ のとき $x^3 > 3x^2 - 5$

(2) $x > 0$ のとき $x^3 - 3x^2 + 4x + 1 > 0$

PRACTICE (基本) **198**　次の不等式が成り立つことを証明せよ。

(1)　$x > 0$ のとき　$\dfrac{1}{4}x^3 - x + 1 > 0$

(2)　$x \geqq 0$ のとき　$x^3 + 1 > 6x(x-2)$

重 要 例題 199

$x \geqq 0$ のとき，$x^3 + 32 \geqq px^2$ が常に成り立つような定数 p の値の範囲を求めよ。

PRACTICE (重要) **199**　$x \geqq 1$ を満たすすべての x に対して，不等式 $x^3 - ax^2 + 2a^2 > 0$ が成り立つような定数 a の値の範囲を求めよ。

重要 例題 200

曲線 $C : y = x^3 - 9x^2 + 15x - 7$ に対して，y 軸上の点 A $(0,\ a)$ から相異なる 3 本の接線を引くことができるように，実数 a の値の範囲を定めよ。

PRACTICE (重要) **200** k は定数とする。点 $(0, k)$ から曲線 $C: y = -x^3 + 3x^2$ に引いた接線の本数を求めよ。

２３．不定積分

基 本 例題 201

次の不定積分を求めよ。

(1) $\displaystyle\int (8x^3 + x^2 - 6x + 4)dx$

(2) $\displaystyle\int (2t+1)(t-3)dt$

(3) $\displaystyle\int (x+2)^3 dx - \int (x-2)^3 dx$

PRACTICE (基本) **201**   次の不定積分を求めよ。

(1) $\displaystyle\int (x^2-4x)dx$

(2) $\displaystyle\int (4t^2+12t+7)dt$

(3) $\displaystyle\int (x^3+3x^2+1)dx$

(4) $\displaystyle\int x(x+2)(x-3)dx-\int (x-1)(x+2)(x-3)dx$

基本 例題 202

(1)　$f'(x)=(2x-4)(1-3x)$ で $f(1)=0$ となる関数 $f(x)$ を求めよ。

(2)　曲線 $y=f(x)$ は点 A $(1,\ -1)$ を通り，その曲線上の点 P $(x,\ f(x))$ における接線の傾きは $3x^2-4x$ で表される。この曲線の方程式を求めよ。

PRACTICE (基本) **202** (1) $f'(x) = (x+1)(x-3)$, $f(0) = -2$ を満たす関数 $f(x)$ を求めよ。

(2) a は定数とする。点 $(x, f(x))$ における接線の傾きが $6x^2 + ax - 1$ であり, 2 点 $(1, -1)$, $(2, -3)$ を通る曲線 $y = f(x)$ の方程式を求めよ。

基本 例題 203

$a \neq 0$, n を自然数とする。公式 $\displaystyle\int (ax+b)^n dx = \dfrac{1}{a} \cdot \dfrac{(ax+b)^{n+1}}{n+1} + C$ (C は積分定数) を用いて，不定積分 $\displaystyle\int (x-1)^2(x+1)dx$ を求めよ。

PRACTICE (基本) **203**　$a \neq 0$, n を自然数とする。公式 $\displaystyle\int (ax+b)^n dx = \dfrac{1}{a} \cdot \dfrac{(ax+b)^{n+1}}{n+1} + C$ (C は積分定数) を用いて，次の不定積分を求めよ。

(1)　$\displaystyle\int (2x+1)^3 dx$

(2)　$\displaystyle\int (t+1)^3(1-t)dt$

２４．定積分

基本 例題 204

□ ▶解説動画

次の定積分を求めよ。

(1) $\displaystyle\int_{-1}^{2}(3x^3-x+3)dx$

(2) $\displaystyle\int_{-1}^{2}(2x^2+3x)dx-\int_{-1}^{2}x(2x+1)dx$

(3) $\displaystyle\int_{-3}^{3}(3x^2-4x)dx-\int_{4}^{3}(3x^2-4x)dx$

PRACTICE (基本) **204**　次の定積分を求めよ。

(1)　$\displaystyle\int_0^2 (3t-1)^2 dt$

(2)　$\displaystyle\int_{-2}^4 (x^3-6x^2+x-3)dx$

(3)　$\displaystyle\int_3^{-1} (x^2-2x)dx+\int_{-1}^3 (x^2+1)dx$

(4)　$\displaystyle\int_{-1}^0 (y-1)^2 dy-\int_4^0 (1-y)^2 dy$

基本 例題 205

(1) $\displaystyle\int_{\alpha}^{\beta}(x-\alpha)(x-\beta)dx=-\frac{1}{6}(\beta-\alpha)^3$ が成り立つことを証明せよ。

(2) (1) の結果を利用して，定積分 $\displaystyle\int_{\frac{1}{2}}^{1}(2x^2-3x+1)dx$ を計算せよ。

PRACTICE (基本) **205**　次の定積分を求めよ。

(1) $\displaystyle\int_{-\frac{1}{2}}^{3}(2x^2-5x-3)dx$

(2) $\displaystyle\int_{2-\sqrt{3}}^{2+\sqrt{3}}(x^2-4x+1)dx$

基本 例題 206

☐ ▶解説動画

定積分 $\displaystyle\int_{-3}^{3}(4x^3+6x^2-9x-10)dx$ を求めよ。

PRACTICE (基本) **206**　次の定積分を求めよ。

(1)　$\displaystyle\int_{-1}^{1}(2x^3-4x^2+7x+5)dx$

(2)　$\displaystyle\int_{-2}^{2}(x-1)(2x^2-3x+1)dx$

74

基本 例題 207

次の等式を満たす関数 $f(x)$ を求めよ。

(1) $f(x) = 3x^2 - x + \displaystyle\int_{-1}^{1} f(t)\,dt$

(2) $f(x) = 2x^2 + 1 + \displaystyle\int_{0}^{1} x f(t)\,dt$

PRACTICE (基本) **207**　次の等式を満たす関数 $f(x)$ を求めよ。

(1)　$f(x) = 2x^2 + x\displaystyle\int_0^1 f(t)\,dt$

(2)　$f(x) = 2x + \displaystyle\int_0^1 xf(t)\,dt$

基本 例題 208

解説動画

(1) 関数 $g(x) = \displaystyle\int_1^x (t^2 + 2t - 3)\,dt$ を微分せよ。

(2) $\displaystyle\int_a^x f(t)\,dt = \dfrac{3}{2}x^2 - 2x + \dfrac{2}{3}$ のとき，$f(x)$ と定数 a の値を求めよ。

PRACTICE (基本) **208** (1) 関数 $g(x) = \displaystyle\int_x^2 t(1-t)\,dt$ を微分せよ。

(2) 次の等式を満たす関数 $f(x)$ および定数 a の値を求めよ。

(ア) $\displaystyle\int_a^x f(t)\,dt = x^2 + 5x - 6$

(イ) $\displaystyle\int_x^1 f(t)\,dt = -x^3 - 2x^2 + a$

78

基本 例題 209

関数 $f(x) = \displaystyle\int_1^x (4t^2 - 8t + 3)\,dt$ の極値を求め，$y = f(x)$ のグラフをかけ。

PRACTICE (基本) **209** $f(x) = \displaystyle\int_{-3}^{x} (t^2 + t - 2)dt$ のとき，関数 $f(x)$ の極値を求め，$y = f(x)$ のグラフ

をかけ。

重 要 例題 210

$f(x) = x^2 + ax + b$ が，すべての1次式 $g(x)$ に対して $\displaystyle\int_{-1}^{1} f(x)\,g(x)\,dx = 0$ を満たすように，定数 a, b の値を定めよ。

PRACTICE (重要) 210　x の 3 次関数を $f(x)=x^3+ax^2+bx+c$ とする。このとき，x の 2 次以下のどのような関数 $g(x)$ に対しても $\displaystyle\int_{-1}^{1} f(x)\,g(x)\,dx=0$ が成り立つような $f(x)$ を求めよ。

82

25. 面積

基本 例題 211

次の曲線，直線と x 軸で囲まれた部分の面積を求めよ。

(1) $y = x^2 - x - 2$

(2) $y = -x^2 + 3x \ (-1 \leqq x \leqq 2), \ x = -1, \ x = 2$

PRACTICE (基本) **211** 次の曲線，直線と x 軸で囲まれた部分の面積を求めよ。

(1) $y = x^2 - 2x - 8$

(2) $y = -2x^2 + 4x + 6$

(3) $y = x^3 + 3$ $(0 \leqq x \leqq 1)$, y 軸, $x = 1$

(4) $y = x^2 - 4x + 3$ $(0 \leqq x \leqq 5)$, $x = 0$, $x = 5$

基本 例題 212

次の曲線や直線で囲まれた部分の面積を求めよ。

(1) $y=-x^2+3x+2$, $y=x-1$

(2) $y=x^2+1$, $y=-x^2-2x+3$

PRACTICE (基本) **212**   次の曲線や直線で囲まれた部分の面積を求めよ。

(1) $y=x^2-4x-2$, $y=-2x+1$

(2) $y=2x^2+3x+1$, $y=-x^2-x+2$

基本 例題 213

連立不等式 $y \geqq x^2$, $y \geqq 2-x$, $y \leqq x+6$ の表す領域の面積を求めよ。

PRACTICE (基本) **213**　連立不等式 $y \geqq x^2 - 4$, $y \leqq x - 2$, $y \geqq -\dfrac{1}{2}x - \dfrac{7}{2}$ の表す領域の面積を求めよ。

基本 例題 214

放物線 $y = x^2 - 4x + 3$ を C とする。C 上の点 $(0,\ 3)$, $(6,\ 15)$ における接線をそれぞれ, ℓ_1, ℓ_2 とするとき, 次のものを求めよ。

(1) ℓ_1, ℓ_2 の方程式

(2) C, ℓ_1, ℓ_2 で囲まれる図形の面積

PRACTICE (基本) **214**　放物線 $y=-x^2+x$ と点 $(0,\ 0)$ における接線，点 $(2,\ -2)$ における接線により囲まれる図形の面積を求めよ。

基本 例題 215

関数 $y=2x^3-x^2-2x+1$ のグラフと x 軸で囲まれた部分の面積を求めよ。

PRACTICE (基本) **215**　次の曲線と x 軸で囲まれた部分の面積を求めよ。

(1)　$y=x^3-5x^2+6x$

(2)　$y=2x^3-5x^2+x+2$

基本 例題 216

解説動画

曲線 $y=-x^3+5x$ 上に点 A $(-1, -4)$ をとる。

(1) 点 A における接線 ℓ の方程式を求めよ。

(2) 曲線 $y=-x^3+5x$ と接線 ℓ で囲まれた部分の面積 S を求めよ。

PRACTICE (基本) **216**　　曲線 $C : y = -x^3 + 4x$ とする。曲線 C 上の点 $(1,\ 3)$ における接線と曲線 C で囲まれた部分の面積を求めよ。

基本 例題 217

放物線 $y=x^2$ と円 $x^2+\left(y-\dfrac{5}{4}\right)^2=1$ が異なる 2 点で接する。2 つの接点を両端とする円の 2 つの弧のうち，短い弧と放物線で囲まれる図形の面積 S を求めよ。

PRACTICE (基本) **217** 連立不等式 $x^2 + y^2 \leqq 4$, $y \geqq x^2 - 2$ の表す領域の面積を求めよ。

基本 例題 218

(1) $\int_1^4 |x-2|\,dx$ を求めよ。

(2) $\int_0^4 |x^2-4|\,dx$ を求めよ。

PRACTICE (基本) **218**　次の定積分を求めよ。

(1)　$\displaystyle\int_0^3 |x^2-2x|\,dx$

(2)　$\displaystyle\int_0^3 x|x-1|\,dx$

基本 例題 219 □

$a>0$ とする。放物線 $y=ax^2+bx+c$ は 2 点 P$(-1, 3)$, Q$(1, 4)$ を通るという。このとき，この放物線と 2 点 P, Q を通る直線で囲まれた部分の面積が 4 になるような定数 a, b, c の値を求めよ。

PRACTICE (基本) **219** $a>0$ とする。放物線 $y=ax^2+bx+c$ は 2 点 P$(1,\ 1)$, Q$(3,\ 2)$ を通るという。このとき，この放物線と 2 点 P，Q を通る直線で囲まれた部分の面積が 4 になるような定数 a，b，c の値を求めよ。

基本 例題 220

a は $0 < a < 3$ を満たす定数とする。放物線 $y = -x^2 + 3x$ と x 軸で囲まれた部分の面積を直線 $y = ax$ が 2 等分するとき，a の値を求めよ。

PRACTICE (基本) **220**　放物線 $y=-x(x-2)$ と x 軸で囲まれた部分の面積が，直線 $y=ax$ によって 2 等分されるとき，定数 a の値を求めよ。ただし，$0<a<2$ とする。

基本 例題 221

曲線 $C : y=x^2$ と 点 $(2, 6)$ を通る傾きが m の直線 ℓ について

(1)　ℓ と C が異なる 2 つの共有点をもつことを示し，共有点の x 座標を α，β $(\alpha<\beta)$ とおいて，$\beta-\alpha$ を m を用いて表せ。

(2) ℓ と C で囲まれた部分の面積の最小値とそのときの m の値を求めよ。

PRACTICE (基本) **221**　2 つの放物線 $y=-2(x-a)^2+3a$, $y=x^2$ について

(1)　2 つの放物線が異なる 2 つの共有点をもつための実数 a の条件を求めよ。

(2) (1) のとき，2 つの放物線で囲まれた部分の面積の最大値を求めよ。

重要 **例題 222**

a を正の実数とし，点 $\mathrm{A}\left(0,\ a+\dfrac{1}{2a}\right)$ と曲線 $C : y=ax^2$ および C 上の点 $\mathrm{P}(1,\ a)$ を考える。曲線 C と y 軸，および線分 AP で囲まれる部分の面積を $S(a)$ とするとき，$S(a)$ の最小値とそのときの a の値を求めよ。

PRACTICE (重要) **222**　放物線 $C : y = x^2$ 上の点 $P(a, a^2)$ における接線を ℓ_1 とする。ただし，$a > 0$ とする。

(1)　点 P と異なる C 上の点 Q における接線 ℓ_2 が ℓ_1 と直交するとき，ℓ_2 の方程式を求めよ。

(2)　接線 ℓ_1, ℓ_2 および放物線 C で囲まれた部分の面積を $S(a)$ とするとき，$S(a)$ の最小値とそのときの a の値を求めよ。

重要 例題 223

2 つの放物線を $C_1 : y=(x-1)^2$, $C_2 : y=x^2-6x+5$ とする。

(1) C_1 と C_2 の両方に接する直線 ℓ の方程式を求めよ。

(2) 放物線 C_1 と C_2 および直線 ℓ とで囲まれる部分の面積を求めよ。

PRACTICE (重要) **223** 2 つの放物線を $C_1 : y = x^2$, $C_2 : y = x^2 - 6x + 15$ とする。

(1) C_1 と C_2 の両方に接する直線 ℓ の方程式を求めよ。

(2) C_1, C_2 および ℓ によって囲まれた部分の面積を求めよ。

重要 例題 224

曲線 $y = x^3 + x^2$ …… ① と直線 $y = a^2(x+1)$ …… ② で囲まれる 2 つの部分の面積が等しくなるような定数 a の値を求めよ。ただし，$0 < a < 1$ とする。

PRACTICE (重要) **224**　2 曲線 $y = x^3 - (2a+1)x^2 + a(a+1)x$, $y = x^2 - ax$ が囲む 2 つの部分の面積が等しくなるように，正の定数 a の値を定めよ。

重要 例題 225

a は $0 < a < 1$ を満たす定数とする。

(1) 関数 $f(x) = x|x-a|$ のグラフの概形をかけ。

(2) 積分 $g(a) = \displaystyle\int_0^1 x|x-a|\,dx$ の値を最小にする a の値を求めよ。

PRACTICE (重要) **225** $0 \leqq t \leqq 1$ とする。定積分 $\int_0^1 |x^2 - t^2| \, dx$ の値を最大，最小にする t の値とその最大値，最小値をそれぞれ求めよ。